| Typ | Band Volume 1 | Band Volume 2 | Band Volume 3 | Band Volume 4 |
|---|---|---|---|---|
| | Seite/Page | Seite/Page | Seite/Page | Seite/Page |
| **Blohm & Voss** | | | | |
| BV 40 | | | 56 | |
| Ha 137 V | | | 74 | |
| BV 138 | | | 164 | 151; 152; 163 |
| BV 141 | | | 127; 128 | 107 |
| Ha 142 | | | 133 | 108 |
| BV 222 | | | 166; 167 | 152; 153 |
| BV 238 | | | | 154; 155 |
| **Boeing (USA)** | | | | |
| B 17 F | | | 188 | |
| B 17 G | | 160 | | |
| **Breguet (Frankr.)** | | | | |
| 19 | 42 | 147 | | |
| 521 | | | 184 | |
| 691 | 175 | | | |
| **Bücker** | | | | |
| Bü 131 | 8; 14; 156 | 163 | 11; 12 | 10 |
| Bü 133 | 26; 27 | | 13 | 11 |
| Bü 181 | | | 13 | 11 |
| **Caproni (Ital.)** | | | | |
| Ca 113 | | | 189 | |
| Ca 133 | | | 190 | |
| **Caudron (Frankr.)** | | | | |
| C 227 | | | 175 | |
| C 445 | 11; 12; 158;159 | | 176 | |
| C 635 | 157 | 152 | 177 | |
| **Comper (Engl.)** | | | | |
| CLA 7 | | | 175 | |
| **Consolidated (USA)** | | | | |
| B 24 H | | | 188 | |
| **Curtiss (USA)** | | | | |
| H 75 A | | 154 | | |
| SB 2 C | | 68 | 185 | |
| **De Havilland (Engl.)** | | | | |
| DH 89 | 42 | | | |
| **Dewoitine (Frankr.)** | | | | |
| D 338 | | | 183 | |
| D 520 | | | 180 | |
| **DFS** „Kranich“ | | | | 21 |
| DFS 230 | 168; 169; 170<br>171 | 178 | 152; 153 | 121; 122; 163 |

AF864703

# Dornier — Focke-Wulf

| Typ | Band Volume 1 | Band Volume 2 | Band Volume 3 | Band Volume 4 |
|---|---|---|---|---|
| | Seite/Page | Seite/Page | Seite/Page | Seite/Page |
| **Dornier** | | | | |
| Do 11 | 26 | | | |
| Do 17 E | 133 | 79; 80 | 89 | 78 |
| Do 17 F | 39 | 112; 113, 114 115; 116; 117 | 130 | |
| Do 17 M | | | | 79 |
| Do 17 P | 150; 151 | 117; 118 | 130 | 108 |
| Do 17 Z | 133; 134; 135 142 | 80; 81; 82; 83 84; 85 | 90; 91; 92 93 | 79; 80; 164 |
| Do 18 | | | 163 | 155; 156 |
| Do 23 | 132 | 69 | 87 | 77; 78 |
| Do 24 | | 143; 144 | 165; 166 | 156; 157; 164 |
| Do 215 B | | | 93 | |
| Do 217 A | | 119 | | |
| Do 217 E | | 86; 87; 88; 89 90; 91; 92; 93 | 94; 95 | 80; 81 |
| Do 217 J | | | | 165 |
| Do 217 K | 145 | 94; 95 | 96 | 81; 165 |
| Do 217 M | 136 | 95 | 96 | |
| Do 335 | | | | 23 |
| **Douglas (USA)** | | | | |
| DC 3 | 165 | | | |
| DB 7 | | | 185 | |
| **Fairey (Engl.)** | | | | |
| Swordfish | | 156 | | |
| **Farman (Frankr.)** | | | | |
| 223 | | | 182 | |
| **FFG Prag** | | | | |
| FFG 227 | | | | 154 |
| **Fiat (Ital.)** | | | | |
| CR 32 | 27; 32 | | | |
| CR 42 | | | 192 | |
| **Fieseler** | | | | |
| Fi 103 | | | | 192 |
| Fi 156 C | 41; 147; 154 155 | 132; 133; 134 | 135; 136 | 123; 124; 125 |
| Fi 156 D | 154 | | 137 | 125 |
| **Flettner** | | | | |
| Fl 282 | | | | 109 |
| **Focke-Achgelis** | | | | |
| Fa 223 | | | | 109 |
| **Focke-Wulf** | | | | |
| FW 44 E | 156 | | 16 | 12 |
| FW 44 F | 8; 13; 14; 44 | 22 | 16; 17 | 12 |
| FW 56 | 16; 18; 25; 29 30 | 22 | 16; 17 | 12 |
| FW 58 B | 71 | | 27 | 13 |
| FW 58 BW | | | | 13 |
| FW 58 C | 12; 18; 20; 23 | 136 | 28 | 14 |
| FW 187 | | | | 166 |
| FW 189 | 149; 159; 176 | 110; 111 | 128; 129 | 116; 166; 167 |

| Typ | Band Volume 1 | Band Volume 2 | Band Volume 3 | Band Volume 4 |
|---|---|---|---|---|
| | Seite/Page | Seite/Page | Seite/Page | Seite/Page |
| FW 190 A | 49; 50; 51; 62<br>63; 64; 65; 66<br>67; 68; 89 | 45; 46; 47; 48 | 48; 49; 50 | 24; 25; 26<br>27; 28; 29<br>168 |
| FW 190 F | | 47 | 51 | 30; 31 |
| FW 190 G | 131 | | 51; 52 | 31 |
| FW 200 V | 161; 167 | | | |
| FW 200 C | | | 114; 115; 116 | 82; 83;<br>168; 169 |
| **Fokker (Holland)** | | | | |
| T VIII W | | | 173; 174 | |
| D XIII | | | 168; 169 | |
| **General Aircr. (Engl.)** | | | | |
| ST 12 | | 147 | | |
| **Gloster (Engl.)** | | | | |
| Gladiator | | | 173 | |
| **Gotha** | | | | |
| Go 145 | 14; 15; 18; 20 | 22 | 18; 19 | 15; 190; 191 |
| Go 242 | 172 | 129 | 153; 154; 155 | 126; 127; 129 |
| Go 244 | 165 | | 155 | 127 |
| **Grunau** | | | | |
| Baby | | | | 21 |
| **Heinkel** | | | | |
| He 42 | 26 | 137 | 157 | 157 |
| He 45 | 15; 24 | 102; 103; 104<br>105; 106 | 120; 121 | 111 |
| He 46 | 13; 21; 146 | 107 | 122; 134 | 111; 190 |
| He 50 | 13; 18; 24 | | 71; 72 | 65 |
| He 51 | 28; 34; 46 | 24; 25; 26 | 32; 33 | 32 |
| He 59 | | 139; 141; 142 | 161; 162 | 158; 159 |
| He 60 | | 138; 139 | 157 | 159 |
| He 70 B | | 27 | | 112 |
| He 70 F | 19; 40 | 107 | 126 | 112 |
| He 72 | 9; 10; 21; 22 | 21 | 19 | 16 |
| He 100 D | | | | 33 |
| He 111 V | | | | 128 |
| He 111 B | 39 | 71; 72 | 97 | 84 |
| He 111 E | 40 | 71 | 97 | 85 |
| He 111 F | | | | 85; 86 |
| He 111 H | 137; 139; 140<br>141; 160; 161 | 73; 74; 75<br>76; 77; 78 | 99; 100; 101<br>102; 103; 104 | 86; 87; 88<br>89; 170 |
| He 111 P | 137; 138; 141 | 72 | 98 | 86 |
| He 111 Z | | | 150; 151 | 129 |
| He 112 | 38 | | 33 | |
| He 114 | | | 158 | 160 |
| He 115 | | | 163 | 160; 161 |
| He 116 | | 131 | | 128 |
| He 118 | 16 | | | |
| He 162 | | | 55 | 33 |
| He 177 A | | | 116; 117; 118 | 90; 91; 92; 170<br>171; 172 |
| He 219 | | | | 52 |

# Henschel – Junkers

| Typ | Band Volume 1 | Band Volume 2 | Band Volume 3 | Band Volume 4 |
|---|---|---|---|---|
| | Seite/Page | Seite/Page | Seite/Page | Seite/Page |
| **Henschel** | | | | |
| Hs 123 | 17; 40; 121 | 59; 60; 61 | 72; 73; 74 | 66 |
| Hs 126 | 41; 146; 147 148 | 108; 109; 110 | 123; 124; 125 | 113; 114; 173 |
| Hs 129 A | 129 | | | |
| Hs 129 B | 129; 130 | | 82; 83; 84 85; 86 | 67; 173 |
| **Junkers** | | | | |
| Ju G 24 | | | 156 | |
| Ju W 33 | 10 | 16; 17 | 23 | |
| Ju W 34 hi | 15; 19; 133 | 17; 18; 19 | 24; 25 | 16; 17 |
| Ju W 34 hau | 11; 22; 23 | 19 | 26 | 17; 18 |
| Ju G 38 | 166 | | | 130 |
| Ju F 13 | | 16; 17 | | |
| Ju K 47 | | | 70; 71 | |
| Ju 52/3 m | 39; 105; 162 163; 164; 165 166; 167 | 123; 124; 125 126 | 141; 142; 143 144 | 131; 132; 133 134; 135; 136 137; 174 |
| Ju 85 | | | | 175 |
| Ju 86 V | | | | 88 |
| Ju 86 A | 162 | | | 93 |
| Ju 86 E | | 70 | 89 | 93 |
| Ju 86 D | | 70; 71 | | |
| Ju 86 G | 132 | | 88 | 175 |
| Ju 86 P | | | | 115 |
| Ju 87 A | 33; 122 | 61 | 75 | 68 |
| Ju 87 B | 122; 124; 125 126; 168 | 61; 62; 63 64; 65 | 75; 76; 77 | 68; 69; 70 71; 176 |
| Ju 87 D | 126; 127; 128 | 65; 66 | 78; 79; 80 | 72; 73; 74 75; 176 |
| Ju 87 G | | 67; 68 | 80 | 76; 176 |
| Ju 87 R | 123 | 65 | 78 | |
| Ju 88 A | 136; 143; 144 145; 161 | 96; 97; 98; 99 100; 101 | 104; 105; 106 107; 108; 109 110; 111; 112 | 95; 96; 97; 98 99; 100; 177 178; 179 |
| Ju 88 B | | | | 101; 179; 180 |
| Ju 88 C | | 58 | 69 | 53; 181; 182 183 |
| Ju 88 D | 152 | 119; 120; 121 122 | 131; 132 | 116; 117 |
| Ju 88 E | | | | 183; 184 |
| Ju 88 G | 119; 120 | 58 | | 53 |
| Ju 88 P | | | | 76 |
| Ju 88 T | | | 132; 133 | |
| „Mistel“ | | | | 101 |
| Ju 89 | | | | 94; 187; 188 |
| Ju 90 | 167 | 128 | 145 | 139; 140; 141 188 |
| Ju EF 122 | | | | 105 |
| Ju EF 126/127 | | | | 34 |
| Ju EF 128 | | | | 34 |
| Ju 160 | | 131 | 139 | |
| Ju 188 V | | | | 184; 186 |
| Ju 188 A | 145 | | 172 | 102 |
| Ju 188 C | | | | 185 |
| Ju 188 F | | | | 118; 185 |
| Ju 188 R | | | | 184 |
| Ju EF 248 | | | | 34 |

| Typ | Band / Volume 1 | Band / Volume 2 | Band / Volume 3 | Band / Volume 4 |
|---|---|---|---|---|
| | Seite/Page | Seite/Page | Seite/Page | Seite/Page |
| Ju 252 | | | 144; 145 | 138 |
| Ju 287 | | | 118 | |
| Ju 288 A | | | | 103 |
| Ju 288 B | | | | 103; 187 |
| Ju 288 C | | | | 104 |
| Ju 290 | | | 146, 147 | 142 |
| Ju 352 | | | | 138 |
| Ju 388 J | | | | 54 |
| Ju 388 K | | | | 105 |
| **Klemm** | | | | |
| L 25 | | 20 | 20 | 18 |
| Kl 35 B | | 20; 21 | 20; 21 | 19 |
| Kl 35 D | | 21 | 22; 23 | 19; 20 |
| **Latecoère (Frankr.)** | | | | |
| Late 298 | | | 184 | |
| **Lavochkin (Rußl.)** | | | | |
| LAGG-3 | | 167 | | |
| **Letov (Tschech.)** | | | | |
| S 328 | | 149 | 172 | |
| **LWS (Polen)** | | | | |
| LWS 4 | 174 | 150 | | |
| **Martin (USA)** | | | | |
| 167 | | | 181 | |
| B-26 | | 168 | | |
| **Messerschmitt** | | | | |
| BFW 1 | | 10 | | |
| BFW U 12 | | 12; 13 | | 20 |
| Bf 108 | 41; 42; 157 | 134; 135; 136 | 139 | 143 |
| Bf 109 B | 35; 36; 38; 45 | 27 | 34 | 35 |
| Bf 109 C | 30; 31; 32; 45 106 | 26; 27; 28; 29 | 35 | 35 |
| Bf 109 D | 47 | | | 36 |
| Bf 109 E | 37; 48; 49; 52 53; 54; 55; 57 58; 73; 75; 76 77; 78; 79; 80 84; 90; 91; 92 94; 95; 97; 98 99; 102; 105 | 30; 31; 33; 34 35; 36; 37; 38 | 36; 37; 38 | 36; 37; 38; 39 |
| Bf 109 F | 56; 57; 58; 59 60; 61; 70; 74 83; 85; 86; 93 95; 96; 98; 99 100; 103; 104 | 38; 39; 40; 41 42; 43; 44 | 40; 41; 47 | 39; 40 |
| Bf 109 G | 69; 71; 72; 82 87; 88; 89 102; 103; 104 | 42 | 41; 43; 44; 45 | 40; 41; 42; 43 44; 45; 46; 47 49; 189 |
| Bf 109 K | | | | 48 |
| Bf 110 C | 106; 107; 108 109; 110; 111 112; 113; 153 | 49; 50; 51; 53 54 | 58; 59; 60; 64 | 55; 56 |
| Bf 110 D | 110 | | 61; 62 | 56; 57 |

| Typ | Band Volume 1 | Band Volume 2 | Band Volume 3 | Band Volume 4 |
|---|---|---|---|---|
| | Seite/Page | Seite/Page | Seite/Page | Seite/Page |
| Bf 110 E | 113 | 52; 53 | 60; 63 | 57; 58 |
| Bf 110 F | 114; 148 | 54; 55 | | |
| Bf 110 G | 109; 115; 116 117; 118; 119 | 56 | 66 | 59; 60; 61; 62 189 |
| Me 161 | | | | 118 |
| Me 163 B | | | 53 | 50 |
| Me 163 D | | | | 34 |
| Me 210 | | 57; 58 | 67 | 63 |
| Me 262 | | | 54 | 51 |
| Me 263 | | | 53 | |
| Me 321 | | 130; 131 | 151; 152 | 143 |
| Me 323 | | | 147; 148; 149 | 144; 145; 146 147; 190 |
| Me 410 A | 176 | | 67; 68 | 64 |
| Me 410 B | | | 68 | 64 |
| **Morane-Saulnier (Frankr.)** | | | | |
| MS 315 | 174 | | 175 | |
| MS 406 | | 152 | | |
| **Nardi (Ital.)** | | | | |
| FN 305 | | | 189 | |
| **Nieuport-Delage (Frankr.)** | | | | |
| Ni. D. 622 | | | 175 | |
| **North American (USA)** | | | | |
| NAA 64 | 19 | 155 | | |
| P-51 | | | 186 | |
| **Polikarpov (Rußl.)** | | | | |
| I-16 | | 42; 145 | | |
| I-16 UTI | | 164 | | |
| I-153 | | 165; 167 | | |
| U-2 | | 162 | | |
| **Potez (Frankr.)** | | | | |
| 25 | | | 176 | |
| 63-11 | | 156 | 177 | |
| 390 | | 154 | | |
| 650 | | | 182 | |
| **Praga (Tschech.)** | | | | |
| E 39 | | | 171 | |
| **PZL (Polen)** | | | | |
| P 11 | | 149 | 172 | |
| P 37 | | 150 | | |
| P 38 | | 150 | | |
| **Reggiane (Ital.)** | | | | |
| Re 2001 | | | 192 | |
| **Republic (USA)** | | | | |
| P-47 | | | 187 | |
| **RWD (Polen)** | | | | |
| RWD 15 | | 151 | | |

| Typ | Band Volume 1 | Band Volume 2 | Band Volume 3 | Band Volume 4 |
|---|---|---|---|---|
| **Savoia-Marchetti (Ital.)** | Seite/Page | Seite/Page | Seite/Page | Seite/Page |
| SM 75 | | | 190 | |
| SM 79 | | | 191 | |
| SM 82 | 166 | | | |
| **Short (Engl.)** | | | | |
| Stirling | | 158; 159 | | |
| **Siebel** | | | | |
| Fh 104 | 76; 158 | | 139 | 148 |
| Si 202 | 54 | | | 148 |
| Si 204 A | 22 | | | |
| **Supermarine (Engl.)** | | | | |
| Spitfire | | 157 | | |
| **Tupolev (Rußl.)** | | | | |
| SB 2 | 175 | 166 | | |
| SB 3 | | 167 | | |
| TB 3 | | 164; 165 | | |
| **Vickers (Engl.)** | | | | |
| Wellington | | 157 | | |
| **Vultee (USA)** | | | | |
| V-1 A | | 146 | | |
| **Waco (USA)** | | | | |
| CG-4 | | 168 | | |
| **Yakovlev (Rußl.)** | | | | |
| YA 14 | 156 | 163 | | |

# Register der **Luftwaffe-Einheiten** aus „Dora Kurfürst" Band 1 bis 4

Das Register enthält bereits alle Berichtigungen, die in den einzelnen Bänden nicht mehr berücksichtigt werden konnten.

| Einheit | Band Volume 1 | Band Volume 2 | Band Volume 3 | Band Volume 4 |
|---|---|---|---|---|
| | Seite/Page | Seite/Page | Seite/Page | Seite/Page |
| Aufkl. Gr. Nacht | 145 | | | |
| Aufkl. Gr. Ob. d. L. | | | 93; 133 | 106; 108 |
| Aufkl. Kdo. Rowehl | | 119 | | |
| Aufkl. Schule 1 | | | 128 | |
| B-Schule 9 | 22 | | | |
| B-Schule 16 | | | | 90 |
| B-Schule 20 | 12 | | | |
| Beobachterschule | 21 | | | |
| Blindfl. Sch. Celle | | 19 | | |
| Bordfl. Gr. 196 | | 140 | 159 | 150 |
| C-Schule 3 | | | 24 | |
| C-Schule 5 | | 69; 72; 80 128 | | |
| C-Schule 9 | | | 89 | |
| C-Schule 10 | | | 8 | |
| DVS Schleißheim | 24; 25; 26; 75 | 9; 10; 11; 12 13; 14 | 29 | |
| DVS Warnemünde | 9; 26 | 15; 17; 137 | 156 | |
| EJG 1 | | 136 | | |
| EJG 3 | 30; 105 | | | |
| Erg. Jagd Gr. Merseb. | 105 | 153 | | |
| Erg. Jagd Gr. „Süd“ | 105; 160; 161 | | | |
| Erg. Jagd Gr. „West“ | | | | 47 |
| Erpr. Gr. 210 | 107 | 54 | | |
| Erpr. Kdo. Rechlin | | | 187 | |
| Flieg. Verb. Geschw. 2 | 161 | | | |
| (GS)-Kdo. 2 | | 130; 131 | | |
| Jagdfl. Schule 1 | 30 | | | |
| Jagdfl. Schule 2 | 27 | 26 | | |
| Jagdfl. Schule 3 | 31 | | | |
| Jagdfl. Sch. Schleißh. | | 26 | | |
| J/88 „Legion Condor“ | 34; 35; 36; 37 38; 75; 95 | 25; 26 | | 35 |
| JG 1 | 48; 49; 50; 51 | 45; 46; 177 | 49; 55; 57 | 33; 37 |
| JG 2 | 52; 53; 54; 55 56; 57; 58; 59 61; 62; 63; 64 65; 66; 67; 68 69; 154; 159 | 34; 35; 38; 39 40; 41; 46; 182 184; 188; 190 191 | 36; 37; 39; 46 57 | 24; 39 |

| Einheit | Band Volume 1 | Band Volume 2 | Band Volume 3 | Band Volume 4 |
|---|---|---|---|---|
| | Seite/Page | Seite/Page | Seite/Page | Seite/Page |
| **JG 3** | 69; 70 | 36; 43; 170 171; 172 | 40; 43; 45; 57 | 26; 29; 41; 49 189 |
| **JG 5** | 8; 30; 70; 71 | 173; 185; 191 | | |
| **JG 7** | | | 54 | 51 |
| **JG 11** | 72 | 21 | | |
| **JG 20** | 88 | | | |
| **JG 26** | 73; 74; 75; 76 77; 78; 79; 80 | 30; 36; 174 175; 177; 186 | 48 | 28; 29; 39 |
| **JG 27** | 81; 82; 97; 103 104 | 38; 170; 183 | 38; 41 | 38; 45 |
| **JG 51** | 83; 84; 85; 86 87; 88; 89; 156 | 169; 179; 181 182; 185; 187 189; 190 | 46; 48 | 44 |
| **JG 52** | 90; 91; 92; 93 94 | 42; 176; 178 192 | 36; 38 | 42; 49 |
| **JG 53** | 94; 95; 96 | 30; 178; 189 192 | | 42 |
| **JG 54** | 96; 97; 98; 99 | 37; 42; 171 186; 188 | 12; 23; 40; 41 42; 43; 47; 57 | 25; 27; 36; 41 |
| **JG 56** | | | 192 | |
| **JG 71** | | 27; 28; 29 | | |
| **JG 77** | 100; 101; 102 103 | 30; 32; 43; 180 | | 36; 49 |
| **JG 101** | 28; 29 | | 10; 12; 13; 45 180 | |
| **JGr. 102** | 32 | 29 | | |
| **JG 108** | | | 17 | |
| **JG 131** | | 23; 28 | | |
| **JG 132** | | 25; 26; 30; 31 | 34 | 32 |
| **JG 134** | 43 | | | |
| **JG 141** | 43; 44; 45 | | | |
| **JG 232** | | | 9 | |
| **JG 300** | 103 | 176 | 49; 50 | |
| **JG 334** | | | | 32 |
| **JG 400** | | | 52; 53 | 50 |
| **K/88 „Legion Condor“** | 39; 40 | 70; 71 | | |
| **KG 1** | | 73; 74; 96 | 88; 106; 108 | |
| **KG 2** | 133; 134; 135 136 | 80; 86; 95 | 90; 92; 94; 113 | 80; 81 |
| **KG 3** | | 81; 82; 96 | 69; 92; 108 | 79 |

| Einheit | Band Volume 1 | Band Volume 2 | Band Volume 3 | Band Volume 4 |
|---|---|---|---|---|
| | Seite/Page | Seite/Page | Seite/Page | Seite/Page |
| KG 4 | | | | 86; 88 |
| KG 6 | | 175 | 95; 112 | |
| KG 26 | 137 | 74 | 102 | 88 |
| KG 27 | 141 | | 98; 100 | |
| KGr. 28 | | 101 | | |
| KG 30 | | 97 | 104; 113 | 95; 100 |
| KG 40 | | 75; 88; 89; 90 91; 93 | 95; 114; 115 | 10; 81; 82; 83 92 |
| KG 51 | 144 | 97 | 104 | 63 |
| KG 53 | 137; 138; 139 140 | 75 | 91 | 87; 89 |
| KG 54 | 141; 143 | | 192 | |
| KG 55 | 141 | 76 | 98; 101 | |
| KG 66 | | | | 102 |
| KG 76 | 142 | 83 | 69; 90; 103 | 98 |
| KG 77 | 144 | 98 | 109; 111 | |
| KGr. 100 | | | | 87; 90 |
| KGr. 126 | | 101 | | |
| KG 152 | 132 | | | |
| KG 153 | 132; 133 | 79 | | |
| KG 200 | 145 | 160 | 188 | |
| KG 254 | | | | 93 |
| KG 255 | 133 | | 28 | 79 |
| KGr. 806 | 143 | | | |
| KGzbV 1 | | 126 | 140; 141 | 133 |
| KGzbV 2 | | | 140 | 133 |
| KGzbV 3 | | 127 | | |
| KGr. zbV 9 | | | 142 | 132 |
| Kü. Fl. Gr. 106 | | 139 | | 155 |
| Kü. Fl. Gr. 125 | | | 159 | |
| Kü. Fl. Gr. 406 | | | | 151 |
| Kü. Fl. Gr. 506 | | 98; 139 | 158 | 160 |
| Kü. Fl. Gr. 706 | | | 163 | |
| Kü. Fl. Gr. 906 | | | | 161 |
| Kü. Jagdstaff. 136 | 46; 47 | | | |
| LD-Kdo. 4 | | 17; 18 | | |
| LD-Kdo. 67 | | | 25; 34; 72 | |